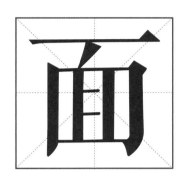

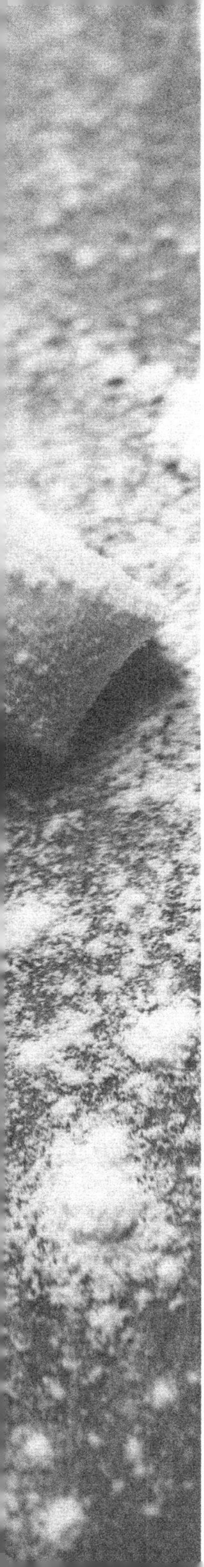

面

有什么是一碗面解决不了的？
如果不行，那就两碗。

CONTENTS

面条特辑

关于面，你能想到的一切！

JUAN

卷

小孩子吃起面来不顾章
把筷子并做一双，夹起一
飞速旋转，恨不得把面
两根筷子上。当作棒棒
塞到口中。

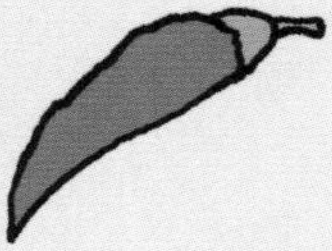

谁是你人生中最重要的那碗面

文=李舒　插画=茄子圆儿

关于面条，你的记忆是怎样的？

小时候过生日，并没有什么礼物，早晨揉着惺忪的睡眼，心里默默许愿——想要一个大而艳丽的奶油蛋糕，有卡通花仙子造型的那种，奶油花缀满蛋糕，最好还有巧克力写的名字。

这当然都是幻想，餐厅桌上，等着我的，是一碗冒着热气红汤面。所谓红汤，就是加了猪油的酱油汤，这是我平日的早餐。彰显着生日意义的，是红汤面里卧着的那两个鸡蛋。

还不如吃小浣熊干脆面！有一个时间段，我们着了魔一样地吃这种并不健康的方便食品——为了集齐卡片，一包一包吃着。下午，太阳渐渐西斜，老师在课上讲什么，完全听不进去，对我们来说，现在是干脆面时间。拿出一包来，小心翼翼捏碎了，不能被老师听到响声，然后撒进调料，摇一摇，让每一点面碎都沾上那来历不明的鲜和咸。食指中指和拇指，时不时抓一小撮放进嘴里，那种味道，一辈子也忘不了。

吃过最豪华的一餐面，是在杭州。中学毕业，妈妈带我去旅行。奎元馆还是楼外楼，已经不记得了。印象深刻的是，太贵了，所以妈妈只买了一碗，我们两个人分着吃。

在面汤的氤氲热气里，飘着若有若无的鲜香——当然是螃蟹。蟹黄确实是现拆的，因为吃得出细碎的壳子，卡在牙缝里，过了好久，忽然脱落了，怅然若失。

但那种螃蟹的腥香却保留在舌尖，一个下午，无论是龙井茶还是桂花藕粉，都没有冲淡。

长大后，吃过的面条已经不计其数，在香港街头老街坊带着去的细蓉、苏州巷陌的花样浇头、西北大风吹着的豪迈牛肉拉面……一百种面条，有一百种滋味，背后也有一百种故事。所以，我们才做了这个面条专辑，并不足以罗列全中国的面条军团，但努力呈现的，是中国人关于面条的那份记忆。

写这篇文章时，忽然有一点，想吃爸爸煮的红汤面，加两个鸡蛋。

面馆众生相

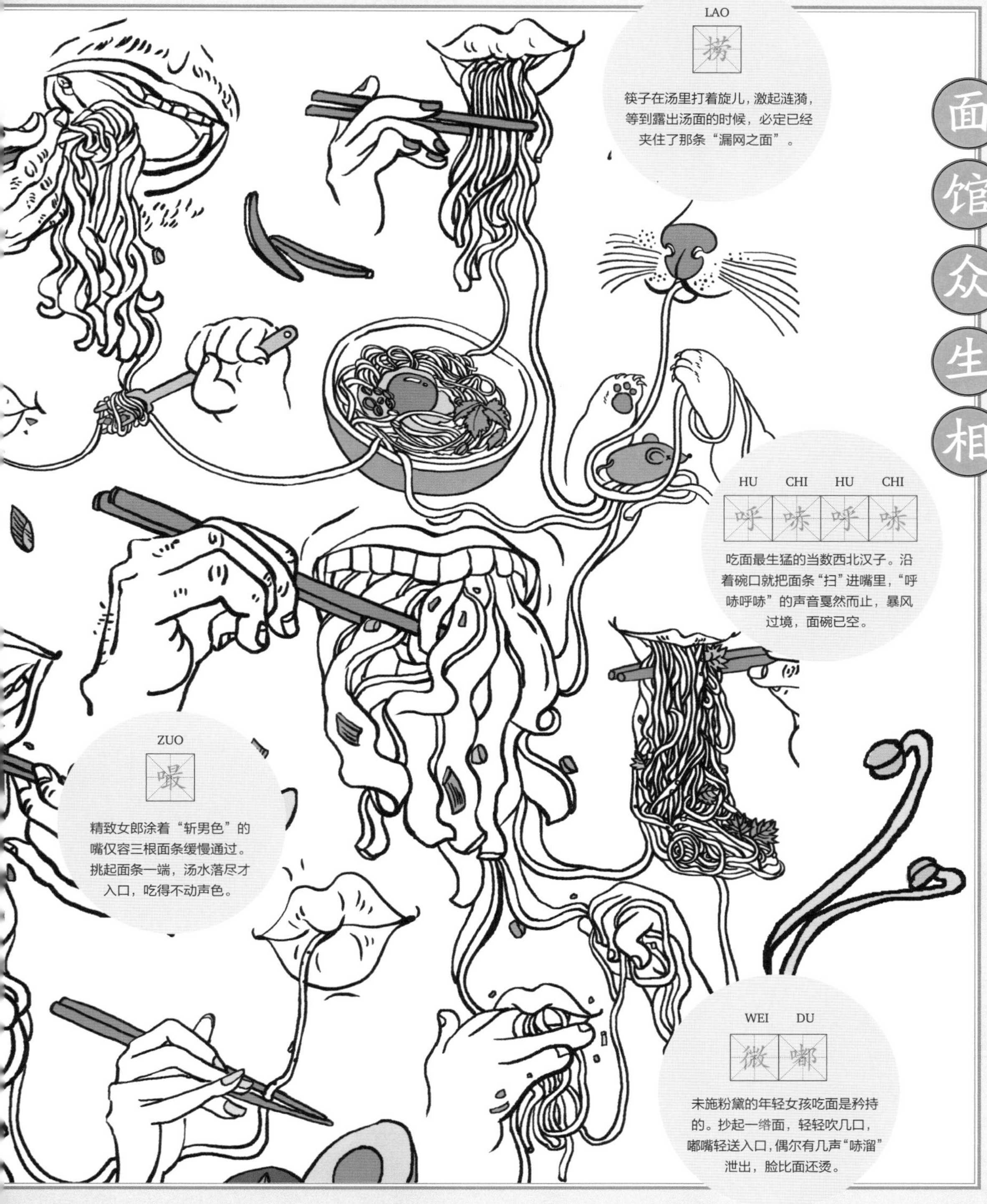

LAO

捞

筷子在汤里打着旋儿，激起涟漪，等到露出汤面的时候，必定已经夹住了那条“漏网之面”。

HU CHI HU CHI

呼哧呼哧

吃面最生猛的当数西北汉子。沿着碗口就把面条“扫”进嘴里，“呼哧呼哧”的声音戛然而止，暴风过境，面碗已空。

ZUO

嘬

精致女郎涂着“斩男色”的嘴仅容三根面条缓慢通过。挑起面条一端，汤水落尽才入口，吃得不动声色。

WEI DU

微嘟

未施粉黛的年轻女孩吃面是矜持的。抄起一绺面，轻轻吹几口，嘟嘴轻送入口，偶尔有几声“哧溜”泄出，脸比面还烫。

如果从一碗面条的角度来研究历史，你会发现，上下五千年中，面条从未远离我们的生活：最早的方便面、最早的挂面、最早的牛肉面、最早的凉面……中华文明，也可以称为一部面条史。

东汉

面条雏形“索饼”

刘熙《释名》中提到了：“饼，并也，溲面使合并也。胡饼作之，大漫冱也，亦言以胡麻著上也。蒸饼、汤饼、蝎饼、髓饼、金饼、索饼之属皆随形而名之也。”这里面提到的“索饼”，根据清代王先谦的解释似乎就是“水引饼”，在江淮间被称作“切面”，可视为面条的雏形。也有一说，此时的“索饼”还不是细长条状，而是或方或圆的片状。

晋代

最早的牛肉面

傅玄所著《七谟》中形容：“乃有三牲之和羹，蕤宾之时面。忽游水而长引，进飞羽之薄衍，细如蜀茧之绪，靡如鲁缟之线。”这里所说的面条就是细长如丝线，与现代面条非常相近。有趣的是，这种面条可以搭配“三牲之和羹”，也就是牛肉羹汤，就是比较初期的牛肉面。

北魏

花样面条

北魏的面条条状、片状皆有。《齐民要术》里就记载了“饼”的制法：“水引：挼如箸大，一尺一断，盘中盛水浸，宜以手临铛上，挼令薄如韭叶，逐沸煮。馎饦：挼如大指许，二寸一断，着水盆中浸，宜以手向盆旁挼使极薄，皆急火逐沸熟煮。非直光白可爱，亦自滑美殊常。”其中，“水引”就是如筷子般粗的细长面条，“馎饦”就是揪出来的面片。

唐代

来碗凉面

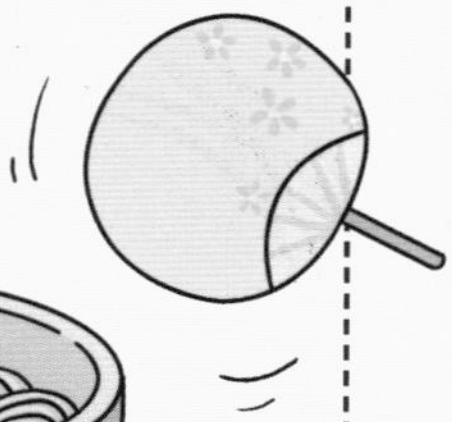

《唐六典·光禄寺》记载：“冬月量造汤饼及黍臛，夏月冷淘、粉粥。”“冷淘”是一种过水面条。唐朝的“冷淘”在烹制前就已经调味，所以吃的时候不用与调料拌食。杜甫很喜欢吃“槐叶冷淘面”，甚至还专门写了首诗：“青青高槐叶，采掇付中厨，新面来近市，汁滓宛相俱。入鼎资过熟，加餐愁欲无。”到了宋代，则发展出了加盐拌甘菊嫩芽的凉面。

面条的五千年

宋代

面条的时代

宋代面条种类丰富了不少，不仅有了加盐拌甘菊嫩芽的凉面，在《东京梦华录》里还记载了各种风味不同的面："软羊面""桐皮面""插肉面"等，在《梦粱录》中也有相应记载，这一时期，"面条"成了"汤饼""馎饦"等的统称。

陆游《老学庵笔记》记载了苏轼和弟弟苏辙被贬南迁时，在广西相遇，二人在路边小摊买了两碗"汤饼"填肚子的故事。

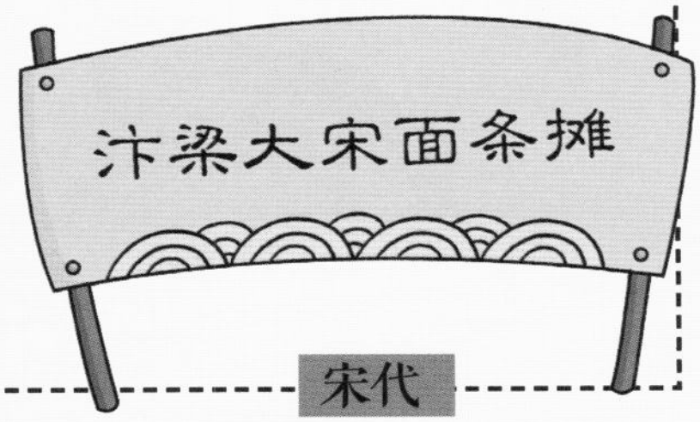

元代

可以久存的挂面出现了

成书于元代的《饮膳正要》中最早出现了"挂面"一词，但也有一说，在敦煌文书中多次出现"须面"，是一种装在盒中用以送人的面，类似挂面。

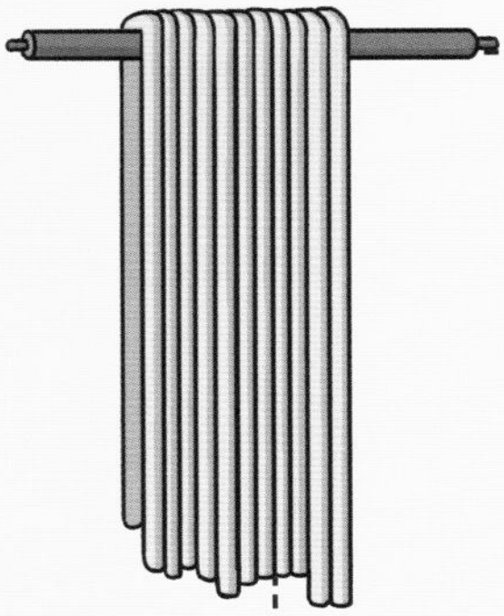

清代

也许是最早的方便面

乾隆年间的书画家、扬州知府伊秉绶家中宾客不断，家厨为了便利快捷，将面粉和鸡蛋掺水和匀，擀成面条，卷曲成团，晾干后炸至金黄保存。待客时，用开水冲烫面团，加入佐料即可食用。

清朝前期，还出现了调味面。李渔曾经在《闲情偶寄》中提到"五香面""八珍面"。面粉里拌上花椒末和芝麻屑，用笋、蘑菇或虾煮成高汤，加上酱油和醋，倒入面粉和成团，擀平了切成细面条，就是家常吃的"五香面"。至于"八珍面"则是待客用的，食材要更精细讲究些。面粉里除了芝麻和花椒末，还加入晒干研细的鸡、鱼、虾、鲜笋、香蕈五味，配上清高汤，恰成"八珍"。

清后期，老北京炸酱面出现。《北京通史》（卷八）记载："面条，在老北京家中都会自己擀制，也会拉面（条），又叫抻面。吃法很多，配上各种调料盒'面码'（如生黄瓜丝、豆芽之类），浇以肉末浓汁，称打卤面。夏季常吃过水凉面，肉末炸酱面、芝麻酱面。"

总有一碗面条足以疗愈饥肠

文 = 黄尽穗

在饥火烧肠的深夜，首先想起来的救星，似乎总是面条。

对于饿着肚子的人而言，煮饭的过程是过于漫长了些，要淘米，要量水，倒进电饭煲之后，还得耐心等上将近一小时，才能等到一碗白莹莹的米饭。可是面条就简易得多，现成的挂面买回来放着，饿起来烧一锅水，一卷面条扔下去，滚个几分钟就可以出锅。有浇头配着当然最好，若是没有，随手煎个蛋，再放点酱油和醋，窸窸窣窣吃下去，也足以疗愈肠胃的孤独。

其实面条生来就是极随意的食物。古人把谷物粉面类的食物统称为“饼”，水煮的面食就叫“汤饼”。然而最早的汤饼不过是面片汤，托着一坨面团站在锅边，揪出面片往里丢便是。后来，才渐渐有人把面片揪成长条。

大概也因为做法随意，面条怎么做都不容易难吃。颠沛流离之时，哪怕是一碗简单的热汤面，带来的慰藉也远胜于平日里的一桌饕餮盛宴。据《新唐书·后妃传》记载，李隆基为临淄王时，其结发妻子是王氏。王氏家族并不显赫，但对于李隆基扫除政敌多有助益，李隆基登基后，王氏便成了正宫皇后。但好景不长，王氏入宫后多年无子，恩宠渐衰，玄宗甚至起了废后之心。王氏颇不自安，对玄宗哭诉：“陛下独不念阿忠脱紫半臂易斗面，为生日汤饼耶！”“阿忠”即王皇后的父亲王仁皎，他曾在李隆基不得志之时，当掉自己的衣裳换取面粉，为李隆基做一碗寿面。低微时一碗汤面的恩情，果然使玄宗动容，打消了废后的念头。只不过后来王氏求子心切，又与兄长合谋行厌胜之术，最终被废为庶人，那就是另一个故事了。

《涑水纪闻》记载，陈桥兵变时，赵匡胤颇为害怕，向家人求助，结果遭到大姐的擀面杖“暴击”。

当然，面条也是可以做得精细的。宋人林洪在《山家清供》里说，一位隐居泉州紫帽山的高人首创了“梅花汤饼”的制法。用白梅、檀香末浸出的水来和面，压成馄饨皮一般厚薄，再入模凿成梅花形面片，煮熟后放入清鸡汤食用，“每客止二百余花”。虽然不知白梅和檀香水混合制成的面片是何等滋味，但一碗清汤中漂着朵朵莹白如雪的梅花，那景象确足以令人心驰神往。

不过，无论面条做得如何精致，食客的吃相总是无法维持得太斯文。《世说新语》中有个流传甚广的小故事：驸马都尉何晏是当时远近闻名的美男子，面容尤其白净，魏明帝曹叡总疑心他是扑了粉，因此特地在夏天赐了他一碗热汤面。何晏吃得大汗淋漓，不得不用毛巾拭汗，而面貌白皙依旧，明帝方才相信他是天生俊朗。所以说，连何晏这样的美男子，在热天吃面也难免狼狈不堪。而就算是在冬天，没有了出汗的烦恼，吃面喝汤的姿态还是很难优雅得起来。毕竟面条本身不加调味，滋味全在汤底，卷一筷子面条，再舀一口汤，冒着被烫到舌头的危险，连吞带咽地吃下去，这碗面才算吃得过瘾。若是每次只挑一两根面条细嚼慢咽，那吃面也吃得太没意思了。

一碗素净的白面条，加了酱油高汤，略点些雪白猪油和碧绿蒜叶，就是温柔和煦的阳春面；豪迈地放入姜、葱、花椒、芝麻、芽菜末等十数种作料，就能拌成一碗麻辣鲜香的重庆小面；就算窝在家里想随意解决一餐，也能扫荡冰箱里的剩余食材，拼凑出一碗清淡妥帖的西红柿鸡蛋面，今日的人们依然习惯用滋味丰足的汤配上麦香清淡的面。一口汤，一口面，稀里呼噜地下肚，再高高兴兴地打个饱嗝——人生在世，能有如此美好的食物填饱肚子，谁还顾得上吃相如何呢？

《聊斋志异之伍秋月》中，与女鬼相恋的王鼎在冥界救回哥哥的鬼魂。死去两日复活的哥哥醒来头一件事就是要吃汤饼。

《世说新语•容止》里写到，魏明帝疑心驸马都尉何晏涂脂抹粉，就故意给他吃热汤面，引其流汗擦脸。结果证明，何晏是天生脸白。

《老学庵笔记》记载，苏轼和弟弟苏辙被贬南迁时，在广西相遇，二人在路边摊吃汤饼填肚子。苏轼吃得痛快，苏辙却食不下咽。

粗

面条实验室

中国面条多用中筋和低筋面粉制成，无须像意大利面一样挤压成形，通过拉扯、折叠、削切等方式，就能做出兼具弹性和柔软的面条来。面条的软硬粗细，直接决定着一碗面的风土人情。我们找了二十位面条老饕，为这些著名的面条打分，最终评选出了面条江湖的风与骨。

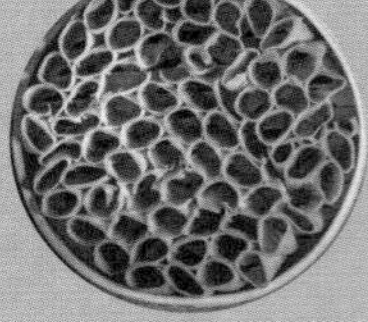

山西

莜面栲栳栳

山西人的莜面栲栳栳，有贵客来临时才会食用。栲栳是指用柳条编成，形状像斗的容器。蒸好的莜面，如“猫耳朵”似筒状形，挨个站立，在笼内酷似蜂窝。吃时可配以羊肉或蘑菇汤。

贵州

肠旺面

肠旺面在和面时需加入鸡蛋和少量食用碱，将面团反复擀压成为极薄的面皮，撒上豆粉，然后将面皮折叠，再切成细丝状。

软

成都

怪味面

怪在哪里？其实就是一碗又麻又辣又香又鲜又甜的成都口味面，大概在于难以形容，索性给一个“怪”字。当热腾腾的面条出锅时，先倒入铺好底料的碗中，再加上熬制四小时的汤汁，搅拌，然后，放任你的味蕾，去辨别面中百味。

苏州

浇头面

浇头面的世界五花八门，但最经典的八卦在于，食客老饕们都要赶着雾气去吃天未亮的头汤面。因为苏州面为碱水面，头汤下面，不带“碱水味”。对于南方食客来说，吃面，吃的是汤和浇头。

上海

阳春面

又名“清汤光面”，旧时原是贩夫走卒的便宜食物，因为没有浇头，全靠半勺猪油添香一撮小葱（或者蒜叶）提鲜，面条必须细而筋道。

细

北京

炸酱面

炸酱面需得是手擀面，和面时候最好是半烫面，揉面团时候加一点细淀粉，才能抻出够筋道的面，煮出来透亮，吃起来爽滑。

山西

刀削面

吃刀削面，在味觉享受之前已经饱了眼福，师傅用特制的弧形刀从面团上熟练地削出面叶。面叶中间稍厚两侧较薄，会形成一条隆起的棱峰。

新疆

拉条子

新疆的小麦因低温气候，生长周期更长，因此更加筋道，和面的时候水里加一点盐，不能和得太硬，和好面后在上面抹些油，技术高超的师傅就能拉出很细的面条来。

硬

杭州

两面黄

两面黄颇有些矜持气质，制作起来十分讲究，费工又费时。滚水煮熟面捞出冲凉，沥干，然后做堆用熟猪油煎至两面黄，入口香脆，而中间的面条还是软的。

陕西

岐山臊子面

岐山臊子面要擀得非常薄，再用刀切成细条，煮出来呈半透明状，又筋道又光滑，所以被称为“薄、筋、光”。煮好的面条热放入碗里必须面少汤多，因为臊子面吃的就是“一口香”。

广州

细蓉

细蓉面中云吞、汤底无不精彩，而面条本身也颇为讲究，和面过程中不加一滴水，只用鸭蛋，最后加入碱水增加面条的柔韧。

重庆

豌杂面

对于一个外地人来说，第一次吃豌杂面的口感是永生难忘的，重庆人却是见怪不怪了。这种小吃，以豌豆与杂酱为主料，需要感受的是豌豆的软糯，配着面条的筋道，回味无穷。

面团变形记

小麦面粉的奇妙之处在于，面粉和水调和之后，一开始只是形成黏糊硬实的面团，反复揉捏挤压之后，面团仿佛获得了自己的生命力，逐渐活了起来。面筋结构的形成令面团变得既有延展性又足够柔韧，能够被拉伸成细长的面条，同时又产生充满弹性的顺滑口感。

文＝八喜 摄影＝七月

揉面团，是中国人的分子料理。

不是吗？只不过是水、酵母，借助双手的力量和自然的温度，就可以把扬扬洒洒的面粉变成面团，然后再变成面条、馒头和面包。

小时候，最喜欢看大人揉面团，在我们看来，这是一场大型的游戏。可以藏一把面粉在手里，给小伙伴们玩“下雪”的场景；可以分得一点小面团，一个下午坐在那里，捏小马小人，捏小花小草，直到雪白色的面团变成脏脏的黑色才罢手。更喜欢看妈妈使用“魔法”，让面团变色。加了菠菜汁的是绿色面团；胡萝卜汁是橙色面团；还有揉进鸡蛋的淡黄色面团……这是为了让我多吃蔬菜而特制的五彩面条。

发面团是需要时间的。午后，阳光照在面盆上罩着的纱布上，在厨房一角投下长长的影子，忍不住偷偷跑去揭开纱布，悄悄戳一戳那个慢慢变大的面团，不知道为什么，生面团散发出来的香味，是那个下午最美好的回忆。

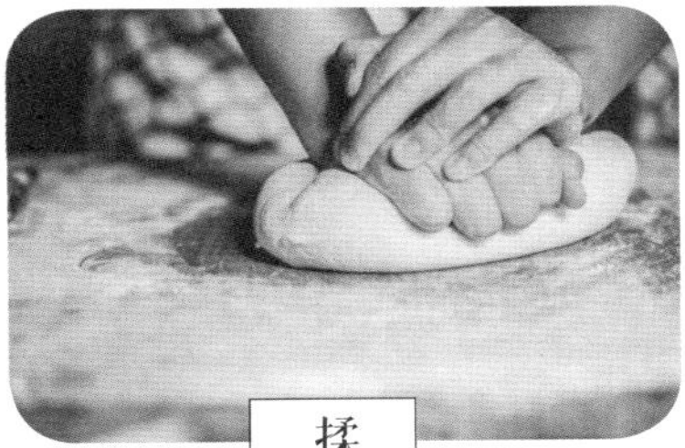

揉

混合面粉和水，形成光滑的面团。讲究的和面要“三光”：面团光、面盆光、手上光。

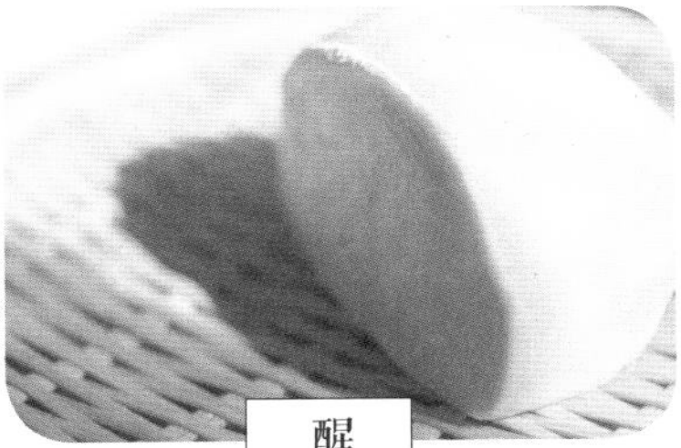

醒

小麦面粉中的蛋白吸收水分后逐渐膨胀，互相粘连形成面筋网络结构，使面团富有弹性又有可塑性。

擀

反复擀压面团成为薄片，逐渐挤出气泡，重新组织面筋结构，面团变得更易延展。

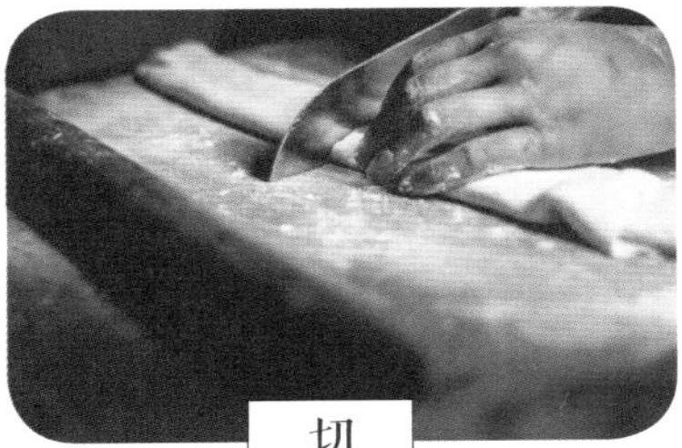

切

将擀薄的面片切成细长条状，就是密实又柔滑的面条了。

面条之霸

中国人和面条的渊源，上下五千年。从南到北，每个人心中都有自己的评价标准。我们选择了八碗著名面条，快来找找，有没有你爱的那一碗？

还记得小时候的课文《一碗阳春面》吗?
SHANGHAI

一碗阳春面

极简主义

文 = 潜彬思 摄影 = 顾名思

阳春面，也称作清汤光面，是面条家族中最朴素无华的成员。一碗阳春面，由汤、面、葱、猪油组成。汤分白汤和红汤，都可用高汤，红汤一般用酱油和开水兑成。面是一般的水面。葱花必须选取细细的小葱切成小段，香气浓厚。猪油是阳春面的灵魂，是刺激食客味觉的最关键所在。在上海的面摊上，厨师早已在一个个白色的汤碗中里放好酱油和猪油，面一熟便捞入碗中，加上汤汁，最后撒上一把葱花。面条端上桌，细密的小葱漂浮在亮闪闪的猪油中，散发着浓郁的香味。裹着葱、油的面条一入口，你会发现，比起阳春面，别的面条都是造作的庸脂俗粉。

阳春面名称由来

说法 ①

秦始皇统一历法，以夏历的十月作为正月，又称小阳春。后融入上海市井俗语，*“阳春”即为“十”*。卖面的小贩忌讳“光面”，恐不能讨得好彩头，刚好一碗面售价十文钱，便称之为阳春面。

说法 ②

阳春面除了*清汤白面*，再无其他添加，只有铺在碗中的小葱如阳春三月甫出的嫩芽。此番情景又令人联想起春秋时的古乐《阳春》，于是取“阳春”二字以作其名。

SUZHOU

苏式三虾面

姑苏人的智慧，都在这碗面上

文＝李舒 摄影＝贾睿

到苏州，可以不看苏州园林，但一定要吃一碗苏州面。

琼林阁也罢，朱鸿兴也好，或者是本地人爱去的小巷子里的无名面馆，一早上去，老远看着，有氤氲的一团白雾。人人脸上都带着一种笑意，是属于早晨的，一日之计在于晨，而吃完一碗苏州面的早晨，注定是满足的。

也许是受陆文夫写的《美食家》的影响，外来的食客们都爱提起“头汤面”。“头汤面”的诀窍，就是趁下面条水还是清爽而不浑腻的时候下面，生面条里的碱气更多地被溶到那下面条的汤里去了，那一碗面才有嚼头。这当然有道理，但有多少人能赶到真正的“头汤面”，大约和除夕夜里烧头香一样，心到意到而已。

比头汤面还要难的是吃三虾面。供应时间短，制作工序繁复，价格高昂，简直是苏式面中的“爱马仕”。限于带籽虾的产期，三虾面只在每年 6 月初到 8 月下旬供应。每天，新鲜捕捉的带籽虾送到几家还在做三虾面的老字号店里，店里专门坐着几位老阿姨，先在水盆中挖落虾籽，虾籽过滤去杂质后在热锅中烤干。而后摘下虾头，在清水里煮沸。虾头煮熟后，挖出虾脑，去除白色杂质，留下红色的半透明的部分。然而还有一个专门负责剥虾的阿姨，我站着看她剥虾，她微微红了脸，然而手上却依旧灵巧，只需虾尾轻轻一摁，虾仁就跳出来了。一切都是现剥现炒，卖完为止。吃过这碗三虾面，弹牙的虾仁裹着细细的虾籽，缝隙间又点缀着半透明的红色虾脑，你才知道，苏州人不仅仅会吃，他们还能发现这世界最微小的美丽，从园林造景里的一枝梅花，到这碗小小的三虾面。

没有三虾面，你依旧有许多选择。事实上，初到苏州的人，要从苏州的浇头面中，选出一碗，实在是一件难事，盯着谜一样的菜牌看半天，忍着点单阿姨的白眼，仍旧摸不出门道——因为浇头真的太多了！虾仁、爆鱼、素什锦、爆鳝、香菇、秃黄油、大排、焖蹄……荤的素的，普通的金贵的，形形色色，眼花缭乱。好不容易选中了一个浇头，又被告知还可以自由搭配，双浇、三浇，怎么来都可以，实在堪比点一桌子菜的难度。浇头都是现炒的，装在一个个形状各异的小碟子中，和清澈见底的阳春面一同被送上桌，典型的江南做派，巧秀，又充满仪式感。

前阵子在苏州做新书签售，次日早上要赶火车，是多睡一个小时还是去吃面？心一横还是选了后者。出租车师傅是个秃顶的中年男子，听说我去吃面，赞许地冲我一点头：“乃勿要慌，乃放心，吾车子开得快，一歇歇就到各！”

果然开得飞快，在那短短二十分钟里，他用苏州男人独有的软糯告诉我，自己之前在上海做生意，被合伙人卷款逃走，回到苏州老家，躺了足足两个月，什么也不想干，一心想死。某日早晨，“家主婆（指老婆）煮碗红汤面给我，放了交关（指许多）猪油，那香气好闻来，一屋子都是。”他吃着没有浇头的红汤面，看着对面消瘦了一圈的妻子，忽然意识到，“乃勿要笑，人生其实不过如此，我从前有钞票对伐，个么就吃三虾米面。现在被人骗哉，拗痛么是拗痛各，那也么撒，吃碗红汤面，日子照样过下去。”

我是他的第三百二十七个客人，下车时，我记住了，他的最爱是枫镇大肉面。

免浇	又称“阳春”，指光面
免青	不放葱
重青	多放葱
过桥	浇头放在盘子里
底浇	浇头置于面底
宽汤	多加面汤
紧汤	少点面汤
重面	多加面
轻面	少点面
硬面	煮面时间短一些
烂面	煮面时间长一些

浇头的连线游戏

文 = 潜彬思　摄影 = 贾睿

所谓『浇头』，就是北方人说的『面码』。单拼也好，双拼也罢，都各遂人愿。有些浇头是季节性的，比如枫镇大肉和鹅肉，过了夏天和秋天，菜单上立刻消失。但没关系，有那么多浇头，你还担心选不到你爱的那一款吗？

炒香菇

用小香菇清炒而成，香味浓郁，而且比大香菇更有嚼劲。搭配可荤可素，即使是一碗简单的香菇面，也可以有滋有味。

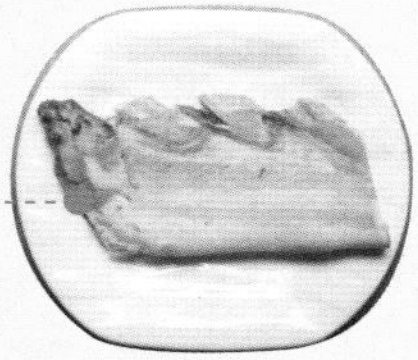

枫镇大肉

不是什么时候都能吃到的枫镇大肉，只在每年夏天供应。由于不加酱油，肉色雪白细嫩，枫镇大肉面亦称为枫镇白汤大肉面。觉得太腻，可以搭配一款烫青菜浇头。

姜 丝

切姜丝考验厨师的刀工。去皮的姜丝生黄透亮，丝丝分明，有序地堆叠在小碟中。虽然不起眼，却是荤菜的清爽解腥灵魂伴侣。

罗汉净素

有豆干、金针菇、香菇、黑木耳、面筋，浇头虽小，五菜俱全。单吃更能体现出素菜的韵味。当然，如果点了太多荤浇头，再来一盘罗汉净素，也没有人会介意咯！

生炒鳝糊

去骨鳝丝，必须现炒现吃，稍一磨蹭，鳝糊表面便会凝结一层油膜，失去原来的色泽。

炒虾仁

浇头中的百搭款。新鲜剥取的虾仁清炒，粉嫩Q弹，与冷藏虾仁相比，保留了更多的原汁原味。

生炒腰花

核桃刀切成的“腰花”，遇热就翻出美貌的外形。这也是一道需要现炒现吃的浇头，稍微一冷，就会略显腥气。可搭配姜丝食用。

金牌什锦

集鲜物于一身：虾仁、鸡肫、鸡肉片、肉丝、木耳等。相比整块的大肉，更有“小而美”的江南风情。

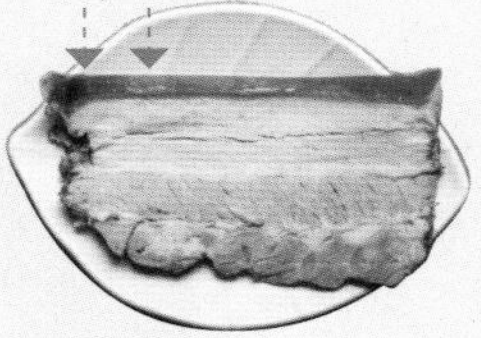

焖 肉

用文火长时间炖煮的苏式焖肉入口即化，肥而不腻。一家苏州面店的好坏，很大程度取决于烹饪焖肉的水平。

苏式酱鸭

苏式酱鸭是苏州菜的代表作，为了得到表面红艳艳的色泽，制作过程中会用到红曲米、砂仁等平常用不到的原料。

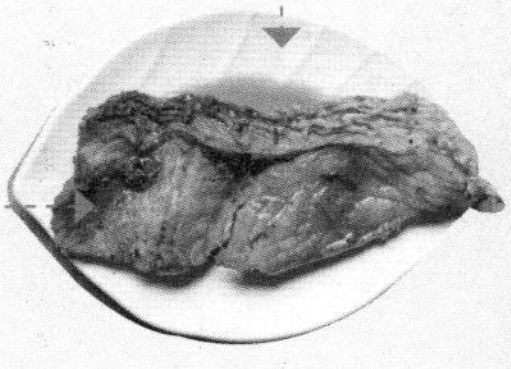

爆 鱼

一般取草鱼的中间段，酱油腌制后，在油中炸至表面硬结。鱼肉酥硬，鱼皮脆香，没有丝毫鱼腥味，配红汤面更佳。

BEIJING

炸酱面

老北京的待客之道

文 = 毛晨钰　摄影 = 七月

说起炸酱面，别看它现在俨然成了老北京美食的代言人之一，其实就是那十八浇头中的一朵小花。如今，别的十七碗面依旧在寻常百姓家的餐桌上优哉游哉，唯独这一味炸酱面，倒是落入各家虚实不明的馆子任人随意打扮。其实过去的讲究人家更乐意把"炸酱面"叫作"小碗儿干炸"，意思就是得一小碗一小碗地炸酱，切不可搞大锅面。炸酱面，很多时候是品的酱，六必居的黄酱向来是上选，喜欢甜口的还可以加入甜面酱。肥瘦相间的肉丁煸炒出油，加入葱姜丝，再放入调好的酱，大火熬煮一下再用文火慢炸，等到红油浮出，虎皮纹现，就可以出锅了。

说品酱，其实面条也是不能马虎的。抻面造型饱满圆滑，更容易挂住炸酱，吃起来嚼劲十足。要说为什么炸酱面能够艳冠十八浇头，大概有一个很大的原因就是：足够好看。考究的炸酱面是讲究"全码儿"的。嫩豆芽、小水萝卜丝、黄瓜丝、青豆、芹菜丁等等，浩浩荡荡的面码队伍一上桌，就热闹极了，即便是用来招待客人，也丝毫不显局促怠慢。炸酱、面条、面码在桌上次第铺开，先把面和炸酱和好拌匀，再加面码，哧溜溜一海碗下肚，最后再来一碗面汤，原汤化原食，得劲儿！

ZHA JIANG
炸酱

炸酱里面的肉丁最好是肥瘦相间的去皮五花，有些人家还会特别分肥丁和瘦丁，肥瘦比例可以是五五分，也可以是四六分，相对来说，肥肉多一些口感更好。炸酱的时候先把肥丁下锅煸出油，再下瘦肉丁。

MIAN MA ER
面码儿

最隆重的当然是"全码儿"，实际上是丰俭由人。现在大多是按节令准备，青豆、豆芽、小水萝卜丝、黄瓜丝、胡萝卜、青笋丝都是很常见的面码。

LA YOU
辣油

喜欢吃辣的可以自己调味。

TANG SUAN
糖蒜

其实，炸酱面和蒜是最佳搭档。不过，现在很多人吃不消生蒜的刺激口味，用糖蒜代替也能浅尝一二。

GUO TIAO ER
锅挑儿

刚出锅的面条趁热吃叫"锅挑儿"，反之，熟了之后再过一遍水的就叫"过水儿"。

CHENG MIAN
盛面

盛炸酱面的时候切记不可以盛满，最多六成满，要给炸酱和面码匀下空间。

肉酱
萝卜
毛豆
糖蒜
黄瓜
胡萝卜
青笋
辣油
豆芽

GUANGZHOU

细蓉面

云吞

肥肉三成瘦肉七成，以刀剁匀，如此口感才会好。广式为净肉，港式则加虾仁，但需要包得漂亮，如同“一条金鱼”。

汤底

细蓉的汤底应由*猪筒骨*、*大地鱼*、*虾头虾皮*三大主料熬制而成，缺一不可。为了增加汤的甜度，也可加入一条白萝卜一起煲。

面

细蓉的传统做法，需要用一根*大木棍敲打*面团直到起筋，然后再制成如发丝般纤细的面条。面身在制作的过程中采用*全鸭蛋*，不加入一滴水，并在最后加上*碱水*以增加其弹性。

不是所有的面，都可以叫细蓉

文 = 李舒　摄影 = 杨弘迅

咸酸

有的老店会提供一碟咸酸，千万不要以为是作料，放到汤里，这是给你*清口*用的。

虾籽

听说是*新派做法*，加在汤里，有增加颜色和鲜味的作用。

醋

细蓉的醋选用的是*浙江红醋*，有时还会提供自制的辣椒酱和酱油。亦不是让你放在汤里的，会破坏汤底本身的鲜味。

“细蓉”是所有港剧里的回忆。《大时代》里，刘青云演的方展博让李丽珍演的方婷去和世家仇人丁孝蟹分手，他说：“我在这里等你，买一碗细蓉，我记得，你要走葱。”

很久很久之后，我才明白，不是所有的面，都可以叫“细蓉”。

“细蓉”的来源，可追溯至 20 世纪 60 年代。一种说法是，广州挑卖云吞面的小贩将面的大小分“大用”和“小用”两种。还有一种说法是，香港人见云吞在汤水翻滚中，像极了一朵朵绽开的芙蓉花，故取名“细蓉”。

一碗“细蓉”，看上去普通，摆放上桌的顺序，也有大乾坤。先用汤勺点少许猪油放在碗里，撒上一小撮韭黄，加入一大勺热的清汤，然后放上现煮的云吞垫底，最后再放上面。因为面会吸汤，所以要把面垫高，否则于面于汤，都是浪费。

这样街头的食物，奇妙地连接了香江两岸。香港人和广州人又有不同的坚持，我曾经问过老饕飞哥，他介绍，香港近海多虾，所以港式云吞里，往往有虾仁；广式云吞用的是净肉，但最早的讲究，在于净肉里加的那一点点油渣碎，现在当然已经无处可寻，滋味的微妙之感，只能在梦里寻味了。

XINJIANG

拉条子

火焰山下的新娘必修课

文 = 毛晨钰　摄影 = 七月

拉条子其实就是新疆的拌面，也是很多新疆人爱新疆的理由之一。爱到什么程度？有人曾做过一个统计，整个新疆的干鲜切面和拉面剂子作坊每天的总供应量是80吨，而这些面剂子端上餐桌，就是80万份拌面。

在新疆，对新媳妇的一大考验就是能不能做好一碗拉条子。两碗面一碗水，水中一撮盐，这是传统的拉条子和面配方。事实上，每个主妇在做拉条子这件事上都有自己的秘诀。

除了面，拉条子最能玩出花样的就是菜码，它总是能够最大程度上接纳四季的馈赠和每个人的偏好。羊肉、鸡肉、韭菜、木耳、青椒等，自由组合，总有一盘是你的菜。但有一样肯定是少不了的，那就是西红柿，一盘红亮鲜活的拉条子全靠它来提气。

一碗面、一碗菜端上桌，众人自己舀自己拌。淋点醋，剥颗蒜，就着拉条子吃才最对味。敦厚有嚼劲的面条裹着菜汁卷进口中的时候，急吼吼叫嚣着的饥饿在这一瞬间被宽慰了。

新疆拉条子到底源于何处

有一个说法是来自*山西*，还有说法是来自*陕西*。但是正如它洒脱自在的配菜一般，对于新疆人而言，一盘“亚克西”的拉条子是无须问出处的。

如何正确地吃完一碗拉条子

在等面的时候先剥蒜，再倒醋，先吃面，最后喝面汤。必须要*大蒜就面*，淋醋提味，吃完忍不住大呼：“加面！”

SHANXI

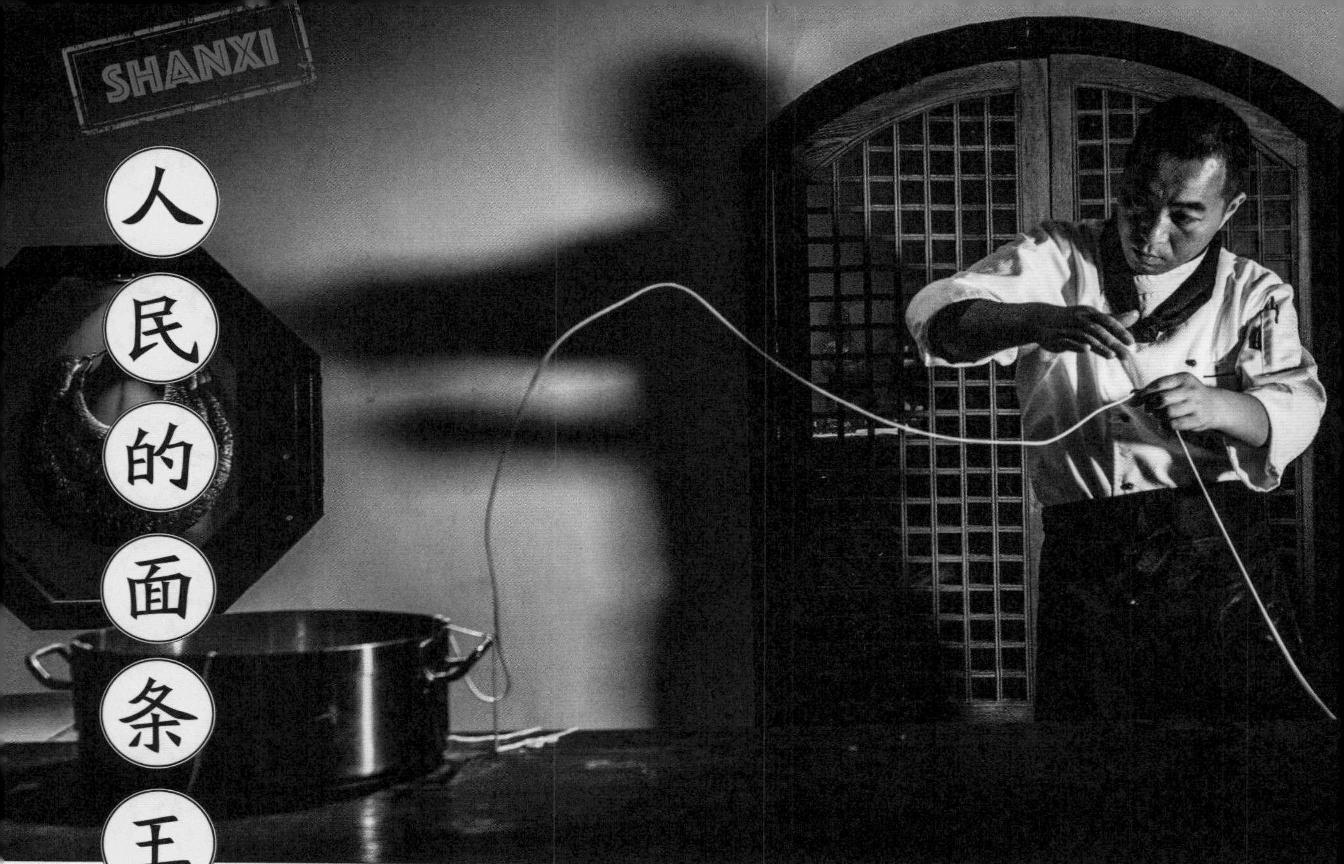

人民的面条王国

在山西，人人都是面条大师

文＝八喜　摄影＝七月

山西面条之丰富，对于山西本地人来说也难以胜数。相比起其他地区主要用小麦粉来制作面条，小麦粉、高粱面、莜面、荞麦面等在山西都有使用，制作方法上更有擀、拉、拨、压、擦、揪、抿，等等，再搭配素的荤的酱的醋的浇头……“一样面百样做，一样面百样吃”的说法一点儿也不夸张，我曾经在一个山西馆子的菜单上看到光莜面鱼鱼就有干锅莜面鱼鱼、西红柿炒莜面鱼鱼、莜面鱼鱼过油肉和莜面鱼鱼汤四种吃法。

山西南有平原，适合种小麦；北有高原，适合种黄米、燕麦、荞麦、大豆等，很容易就能找到不同谷物混进小麦粉里，不仅丰富了香气，也带来了面条口感上粗糙或细腻的变化，大豆面的口感更加粗糙，玉米面的香味就十分浓郁；不同种类的面条对于面团软硬程度的要求也不相同，拉面硬度适中，吃起来更有嚼劲；猫耳朵则略为硬挺，做出来才形状挺括；剔尖则必须水分多，煮出来才晶莹剔透顺滑柔软。

山西面条也是十分炫技的食物。如面鱼、猫耳朵这样的，师傅手下一捻一搓就完成了，但自己上手试试就知道不是那么容易，剔尖、削面等就更是令人赞叹的表演了。刀削面的师傅站在蒸汽氤氲的大锅旁边，左手臂上架一块案板，上面是硕大的面团，右手用一枚近正方形的刀片一刀接一刀地将面削进锅里，面叶儿一片连一片地在空中划出白色的弧线，准确地跃入沸水，民间赞称“一叶落锅一叶飘，一叶离面又出刀，银鱼落水翻白浪，柳叶乘风下树梢。”据说熟练的师傅每分钟能削一百多片面叶儿，每条的长度都要刚好六寸。还有一种叫作一根面的，顾名思义就是一碗面里只有一根面条。用最好的强筋面粉以盐水和面，师傅将面团反复揉捏摊开，将逐渐变细的面团对折抻长，最终形成拇指粗细的面条盘成一圈。待锅中沸腾，只见师傅站在距锅一米开外，一手拉扯着面条一手有节奏地甩向锅里，面条如同绸带一样在空中上下波动飞入锅中，延绵不断，让人简直要起立鼓掌。

（鸣谢 = 北京红墙花园酒店）

又叫撅疙瘩，是将面团擀成厚片再切成宽条，然后一手持面，以另一手的食指和大拇指将面揪成一片片指甲盖般大小的面片。

这种两头尖细的小面条形似小鱼，可爱有趣。其实，最后成形只在师傅手掌之间，一压一搓。也可用高粱面或莜面制作，煮熟后白亮莹润，让人胃口大开。

因形如猫耳而得名，相传意大利的贝壳通心粉就是从它演变而得。面团和好，擀成薄皮，切成剂头，以拇指按住面块往前推即可成形。

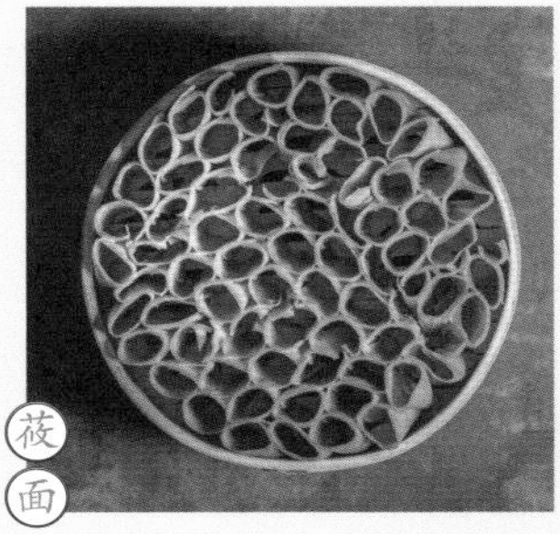

莜面是用莜麦磨粉做成的，和面时必须用滚水。莜面的香味十分独特，吃起来很有嚼劲，可以做成莜面鱼鱼、莜面窝窝、莜面饸饹、莜面栲栳栳等各种形式。

又称拨鱼，两端细长中间略厚，制作时一般要混合豆面或杂粮面。将放置面团的案板斜放在手臂上，用特制铁筷沿面团边沿飞快拨动而成。

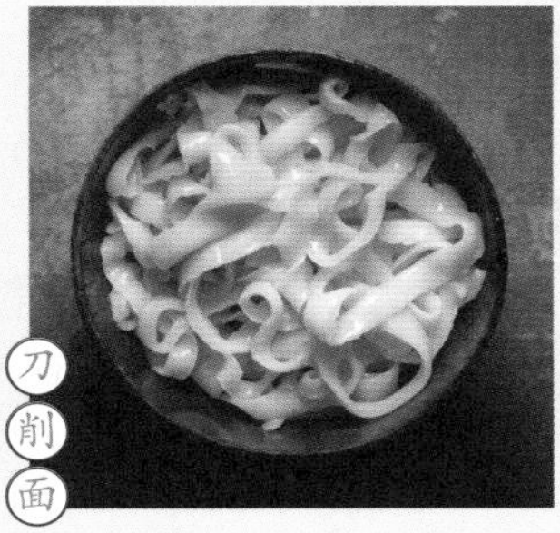

最为人熟知的山西面食。它全凭刀削而得，当地还有“飞刀削面”的表演艺术。刀削面中厚边薄，煮熟之后滑嫩筋道，软而不黏。

蛋 皮

鸡蛋摊成薄饼，切成小块，
三角块和四边形皆可。

胡萝卜

当地倾向于切成更小的碎末，
切丁是臊子面出岐山后的改良。

蒜 苗

用红根蒜苗，香气浓郁，
是冬天常见的“漂花”。

黄花菜

听说是新派做法，加在汤里，
有增加颜色和鲜味的作用。

炸豆腐

有炸豆腐的岐山臊子面
才最正宗。

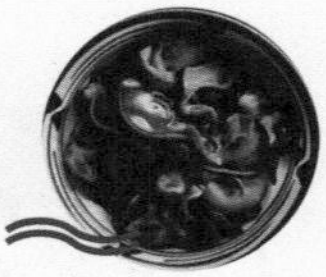

木 耳

臊子面中须有“五色”，
木耳便是必不可少的黑色。

岐山臊子面

请不要喝汤，好好吃面

文 = 鬼面 摄影 = 七月

都说陕西最正宗的臊子面在岐山。我吃过，但不会做。跟老岐山人提干拌臊子面，要遭到耻笑。当地臊子面讲究“薄筋光，酸辣香，煎稀旺”。面要薄、要筋道、要发光，面不用扯，是用刀犁出来的。汤最重要，用当地岐山醋，辣子是凤翔辣子面儿。“煎”指汤温度高。“稀”指汤要多面要少，细面一碗只吃一口，宽面一碗只吃一两条，这是正宗岐山臊子面的特色，由于面少，甚至有人管它叫“一口香”。旺的意思，是作料要丰富，即臊子多。

臊子由臊子肉和臊子菜组成。当地每户家里都有臊子肉，随用随取。臊子菜由黄花、大量胡萝卜、木耳、土豆、豆角、鸡蛋薄饼组成，每种菜都切成黄豆大小，鸡蛋饼要切成小三角。

最重要的汤，用姜蒜花椒爆锅，加入盐、醋和水，最后撒一把 “漂花”。那是种漂在汤上的蔬菜，夏天常用韭菜，冬天常用蒜苗。它们静静地漂在红汤上，是“老陕”的日常美学。

正宗的岐山臊子面，被当地妇人横眉冷对地端出伙房，再重重砸在你面前。面吃完，汤喝两口，剩下的再倒回锅里，供下一位食用。

现代人讲究食物卫生，那样粗粝的臊子面馆已不多见。但每吃臊子面，我都做好了被服务员粗暴对待的准备。仿佛不经历这一场蹂躏，就不算吃了正宗的岐山臊子面。（鸣谢 = 西府面馆 - 建外 SOHO 店）

CHONGQING

豌杂面

重庆小面是重庆人的骄傲。

虽然小，可是这几年风头正劲。

之所以被称为小面，大约是因它的便宜快捷，黄色的碱水面扔进锅中三五分钟煮熟，捞出来加入浇头和调料就可以吃了。对于重庆人来说，即使一碗素面，也能让人吃得稀里呼噜。

因为地道的小面，灵魂全在这调料上！黄豆酱油、姜蒜水、芽菜粒、油辣子、猪油、熟芝麻、芝麻酱、花椒粉、熟碎花生仁、榨菜粒、葱花……更别提还有一位提纲挈领的灵魂鼓手——那层红彤彤的油辣子！贵州大红袍、海南朝天椒、川西二荆条……以怎样的比例搭配才能调和出差异微妙的香气，是每间小面馆子最高的私家配方，以此，他们才能俘获一批又一批的死忠粉的舌头与心。

在这其中，豌杂面大概是重庆小面中有点异军突起的一支。所谓豌杂，在小面的基础上，加上豌豆杂酱浇头。杂酱即肉酱，以八瘦二肥的肉末入锅煸炒，加入蒜碎姜末煸出香，再加入干黄酱和四川甜面酱，这就是重庆人的杂酱。

一碗豌杂面上桌，第一眼便是那黄澄澄铺了半碗的豌豆，给红汤重辣的小面带来些许清甜的做派。好的豌杂面，豌豆需翻沙而不破，表皮看起来完好，咬下去才能感受到豌豆里已然酥糯。

豌杂面，小面中的小清新。（鸣谢 = 壹手面）

这是一场关于豌豆的魔术

文 = 八喜　摄影 = 七月

吃面术语

干溜	少汤
提黄	面条偏硬
重红	多放辣椒油
多青	多加蔬菜
免青	不要青菜

重庆人把生小面称为水叶子或水面，根据宽窄不同，可分为细面、韭菜叶、宽面。

细面	韭菜叶	宽面
直径 2 毫米左右，截面为正方形或圆形。	宽 4 毫米、厚 1 毫米左右，形似韭菜叶子。	宽 9 毫米左右。

全国一碗面

插画 = 蔓蔓 文 = 毛晨钰、潜彬思、八喜

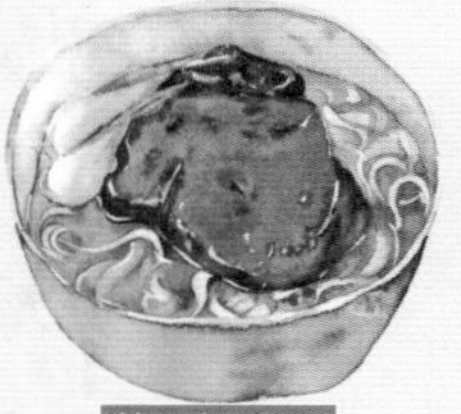

镇江锅盖面

面锅里煮锅盖是镇江的一大特色。锅盖面用的是“跳面”，即用竹竿压制而成的碱面，因煮面时要在锅上置一个老杉木小锅盖而得名。

兰州拉面

在兰州，人们把牛肉拉面称为“牛大碗”，讲究的是一清（清汤）、二白（萝卜）、三绿（香菜、蒜苗）、四红（油泼红辣椒）、五黄（面条黄亮）。

武汉热干面

热干面一定要趁热吃！碱水面煮到七八成熟，过冷过油是为“掸面”，再稍烫一下拌着芝麻酱和醋，就着辣萝卜吃相当开胃。

重庆小面

重庆小面的灵魂其实是油辣子，这也是每家每户的秘密，分寸全在掌勺的师傅。面条煮沸后过冷断白，裹着红油滑下喉咙，满腔火辣。

河南烩面

一碗有诚意的河南烩面，面汤就要足够华丽。嫩羊肉和劈开的羊骨一起炖煮，熬到汤色浑白才算合格。除了好汤打底，粉条、海带、千张丝也是标配。

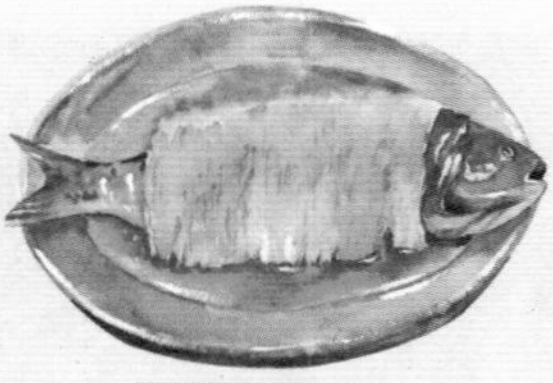

开封鲤鱼焙面

鲤鱼焙面是将“糖醋熘鱼”和“焙面”合二为一。炸到酥脆的焙面覆盖着酸甜的鲤鱼，一筷子下去，“先食龙肉，后食龙须”，汁水淋漓，鲜美非常。

四川担担面

担担面最早是小摊贩用担挑着沿街叫卖的面，因此不带面汤，而是拌着猪肉末、葱花、花生碎等食用，一定要加芽菜提鲜，红油提味。

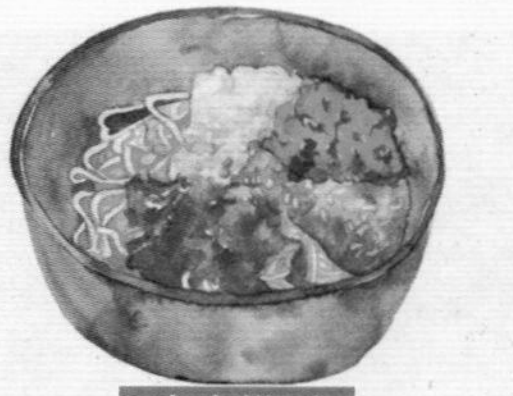

宜宾燃面

传说燃面旧称“油条面”，后因油重无水，引火即燃而得了“燃面”之名。粗海椒面制的红油喷香，把面条沾染得艳丽，此时宜轻撒花椒和芽菜提味。

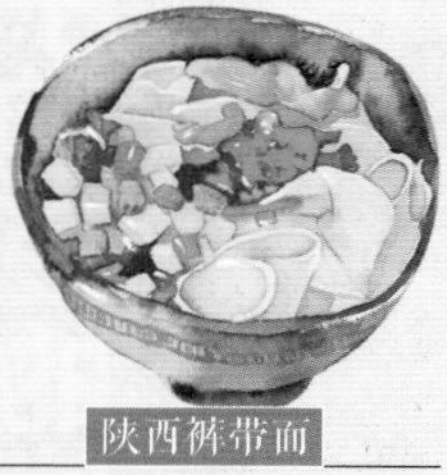

陕西裤带面

裤带面是手擀出来的，一根面条宽度可达二三寸，厚薄不一，嚼劲十足。拌过辣子，浇上热油，就是一碗油泼辣子裤带面。

杭州片儿川

杭州的传统汤面。浇头由雪菜、冬笋、瘦肉丝组成，吃的就是雪菜和冬笋的鲜味。受季节限制，冬笋常由别的笋或者茭白替代。

杭州虾爆鳝面

杭州奎元馆的名食。烧法讲究，鳝鱼现杀，去骨切片，虾仁也要现剥，二者用素油爆，荤油炒，麻油浇。并以鳝汁煮面，汤浓面柔。

昆山奥灶面

面汤由青鱼的鱼鳞、鱼鳃、鱼肉、鱼的黏液煎煮而得。最受欢迎的浇头是青鱼制作的爆鱼和卤鸭。有“三烫”的说法，即面烫、汤烫、碗烫。